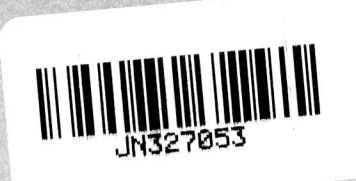

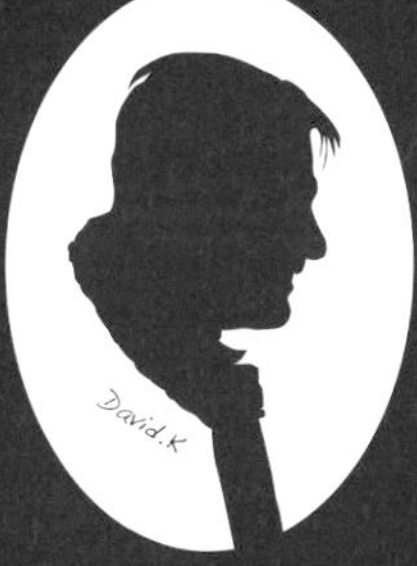

ART *of* TEA

～紅茶人生をもっとアートにしたいのです～

ディヴィッド.K 著

京阪神エルマガジン社

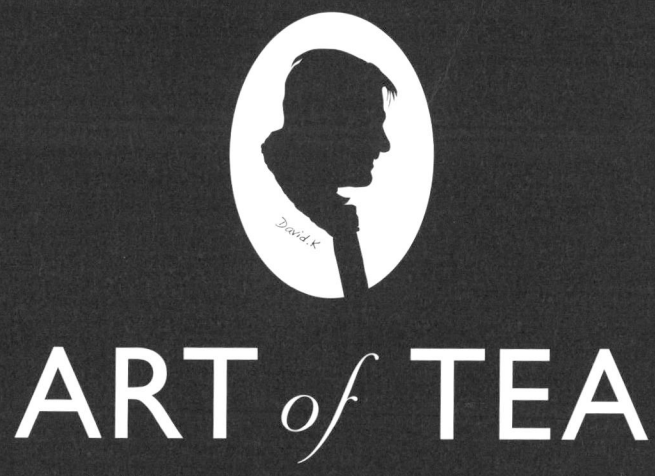

ART of TEA

NATURALLY
"THE BEST"
MLESNA TEA
HOUSE OF BLEND
NATURALLY
"THE BEST"
MLESNA TEA
HOUSE OF BLEND
NATURALLY
"THE BEST"
MLESNA TEA
HOUSE OF BLEND

CONTENTS

chapter 1　**ムレスナティーを知っていますか？** …… 6

紅茶好きなら知っている、ムレスナティー。 …… 8
ムレスナティーはこんな特徴をもつ紅茶です。 …… 10
ムレスナティーのベスト10フレーバーを紹介します。 …… 12
- エデンの果実 …… 14
- 完熟りんご …… 15
- ミルキィーママブレンド …… 16
- フルーツブルージュ …… 17
- オリエンタルバカンス（スウィートシノワ） …… 18
- 白桃アールグレイ …… 19
- 午後の果実 …… 20
- マロンパリ …… 21
- 薔薇と桃 …… 22
- キャラメルクリームティー …… 23

chapter 2　**ディヴィッド.K解体新書** …… 24

10歳で誕生した“ディヴィッド社長”。 …… 26
紅茶の世界への一歩は嵐の予感？ …… 28
会社存続の危機でつくったティーハウス。 …… 30
悩みのタネが生んだオリジナルブレンド。 …… 32
“スリランカの紅茶王”との運命の出会い。 …… 34
悩める人に希望を与える!?　ディヴィッド流仕事術。 …… 38
- 其の1　自分の考えは曲げない。 …… 40
- 其の2　営業担当をおかない。 …… 42
- 其の3　できることはすべて自分でやる。 …… 44
  ディヴィッド語録傑作選 …… 46
- 其の4　仕事とは文化と幸せを生み出さねばならない。 …… 48
- 其の5　独占しない。 …… 50
- 其の6　何かを始めたい人たちへ。 …… 52

chapter 3　紅茶の聖地・スリランカへ 54

セイロンティーの本当の話。 56
本国のムレスナはこんな会社です。 60
ディヴィッドのスリランカ訪問記。 66
▫ ムレスナ本社 68
▫ ムレスナティーキャッスル 72
▫ ニューヴィサナカンダ茶園 73

chapter 4　もっとムレスナティーを楽しむために 74

ムレスナティーハウス本店へようこそ。 76
2012年、新たなスタートです。 82
本店の自信作をご賞味あれ。 86
▫ 究極のホットケーキ 88
▫ オリジナルサンドウィッチ 90
▫ キャラメルアイスドルチェ 92
▫ ミルクエスプレッソティー 92
▫ チャイ 94
▫ コンチネンタルロイヤルミルクティー 94
▫ ブラックストレートティー 96
美味しく楽しいティーセミナーへようこそ。 98
ムレスナティーはここでも飲めます。 100
▫ ムレスナティーハウス京都［京都・烏丸錦］ 102
▫ ザ・ティー［大阪・梅田］ 104
▫ エシュロンティーハウス本店［滋賀・野洲］ 106
▫ クニタチティーハウス［東京・国立］ 108

MlesnA

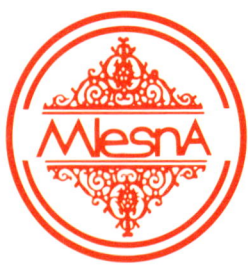

YOU KNOW MLESNA TEA?

chapter 1

ムレスナティーを知っていますか？

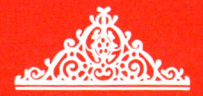

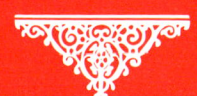

MLESNA TEAS. THE FINEST TEA MERCHANT
Mlesna
Consecutive recipients of the most prestigious
State Awards-Presidential Export Awards
since 1986 to-date. A total of 72 Awards.
NATURALLY
"THE BEST"
MLESNA TEA
HOUSE OF BLEND

WHAT IS MLESNA?

紅茶好きなら知っている、ムレスナティー。

ムレスナティーとは知る人ぞ知るティー・ブランドです。紅茶好きの間で話題となり、兵庫・西宮にある本店はいつも人が絶えません。

こんな真っ赤なキャニスターに見覚えがありませんか？　これを見れば思い出す人もいるかもしれません。自慢は香り高いフレーバーティー。「紅茶はブラックティーに限る」「コーヒーしか飲まない」なんていう人ですら、うっとり虜にしてしまう優雅な風味には、実はあれこれ長いストーリーと、ムレスナティーを心から愛してやまない“ディヴィッド”の秘密が隠されています。ディヴィッドが誰かって？　そんなムレスナティーのあれこれをもっと知ってもらいたくて、そして、本当に美味しい紅茶が何かを伝えたくて、この本が誕生しました。

読み終わったら、あなたが知っている紅茶のイメージがきっと変わります。そして、「本物の美味しい味を体験してみたい」と思うはず。「紅茶の世界で仕事をしてみたい」と、人生が変わる人もいるかもしれません。

まずは、ムレスナティーの紅茶を知ってください。

MLESNA IS...

ムレスナティーはこんな特徴をもつ紅茶です。

ムレスナティーは、スリランカで栽培される良質のセイロンティー・ブランド。世界3大茶葉と称されるのが、インドのダージリン、スリランカのウバ、中国のキーマンです。スリランカのコロンボに初のティーオークション市場ができたのが1883年のこと。紅茶の歴史としては150年ほどと比較的新しいため、インドや中国と比べると認知度が低いようですが、セイロンティーは渋みや苦みが少なく、柔らかな風味を持つ、とても質の高い茶葉なのです。ある意味、日本人の好みに合う紅茶といえるでしょう。

ムレスナティーの特徴は、まず茶葉の鮮度とコンディションの良さ。だから水で抽出してもふんわり、しっかりと茶葉が開き、香味が楽しめます。次に、フレーバーのバリエーション。マイルドで雑味のない茶葉に、スイス・ジボダン社のフレーバーでさまざまな風味をプラスしています。香料とはいえ、天然果汁などから抽出された限りなくナチュラルなものなので、後味もすっきり。茶葉の渋みを消すためのフレーバーではなく、美味しさを引き出してくれる名脇役なのです。

MlesnA

MLESNA STANDARD FLAVOR

ムレスナティーのベスト10フレーバーを紹介します。

本国で作られているフレーバーティーは100種類ほどあります。なかには柑橘系のサワーサップなど、日本では見かけない果実の香りも。基本的にはシングルフレーバーとしてそのまま楽しむものでしたが、日本のムレスナティーではそれらを組み合わせ、オリジナルブレンドを作っています。あまりの美味しさに、海外で販売されたものもあります。月ごとにおすすめのブレンドが登場するので、メニュー数は200を軽く超え、現在も増加中。そんな膨大なリストの中から、創業当時の定番から最近の新作まで、ムレスナ人気ブレンドベスト10をご紹介しましょう。ぜひティーハウスで味わってください。「もっといろんなブレンドを楽しんでみたい」という人には、1箱に30種類のティーバッグが詰め込まれた「インディヴィ・ベストブレンド30」もおすすめ。1カ月間、自宅で毎日違う紅茶が楽しめます。

『エデンの果実』

アダムとイヴが住んでいたエデンは、きっと実り豊かな土地で、芳醇なフルーツの香りに包まれていたのかも…というイメージから出来上がったのが、このブレンド。マンゴーやパインといった柑橘系の香りに、アールグレイのアクセントがきいています。男女問わず人気があり、フレーバーティーを飲み慣れていない人にもおすすめ。ムレスナ初心者に最初の一杯として飲んでもらいたいブレンドです。

『完熟りんご』

以前からあったりんごのフレーバーティーを、もっと美味しくできないものかと考えて試行錯誤。ジボダン社のフレーバーは、果肉より皮の部分が強調された香りなのですが、追求したのは、熟れたりんごを食べたときのジューシーな香りと甘み。そうして出来上がったブレンドは、まさに完熟した蜜入りのりんご。それも、日本で育ったジョナゴールドのような味わいで、アイスティーにもぴったりです。

『ミルキィーママブレンド』

誰もがきっと一度は食べたことのある、あのロングセラーキャンディをリスペクトして生まれたブレンドです。キャラメルメープルをベースにしたコクのある風味で、今では多くのファンに愛される、定番メニューになりました。ちなみに、台湾からやって来たムレスナティーのインポーターも「ぜひ台湾でも販売したい！」と絶賛するほどお気に入りだとか。本当に美味しいものは万国共通ということですね。

『フルーツブルージュ』

ブルージュという街をご存じですか？　「天井のない美術館」と称えられるほど美しい、ベルギーの観光地です。その街にインスパイアされて出来上がったメニューで、オレンジやストロベリー、マンゴーなどをブレンド。フルーツフレーバーだけの組み合わせなのに、飲んだ後に甘い花のような心地良い香りが広がり、深呼吸したくなるほど。ストレスを感じたときや、ホッとしたいときに飲むと癒されますよ。

『オリエンタルバカンス（スウィートシノワ）』

サブタイトルの「スウィートシノワ」がポイント。ティーハウスの京都店で人気を博した「オリエンタルバカンス」をベースに、バカンスを楽しむ優雅な女性をイメージしながらレモンを加え、より柔らかに仕上げました。ジャスミンやマンゴーといったエキゾチックな香りが個性的で、夏のアイスティーにおすすめ。「オリエンタルバカンス」と飲み比べて、違いが分かったあなたはムレスナ上級者です。

『白桃アールグレイ』

実は、本国のムレスナ社に桃のフレーバーは「ピーチアプリコット」しかありませんでした。が、日本人にとって桃といえば「白桃」のイメージが根強くあります。そこで、ジボダンの日本支社にしかなかった白桃の香りを本国に送り、特別に作ってもらったというこだわりの逸品。こちらも「ミルキィーママブレンド」と同じく、オーストラリアのムレスナで販売されたことがあるほど、大人気のブレンドです。

『午後の果実』

ムレスナティーのファンには、朝と午後で飲むフレーバーを変える紅茶好きが多いのが特徴です。そこで「アフタヌーンティーにぴったりなブレンドを」と作られたのがこちら。お菓子と一緒に楽しむことを考えて、すっきりした後口になるようオレンジとアールグレイをベースにした、とてもさわやかブレンドです。甘いスイーツと一緒に味わうとバランスが最高。とくにタルトなどの焼き菓子がよく合います。

『マロンパリ』

その名のとおり、マロンフレーバーを加えたブレンドですが、風味はカラメル。でもただ甘いのではなく、カスタードプリンにしのばせた、苦みのきいた大人味のカラメルといった趣です。ストレートはもちろん、ミルクティーもおすすめ。秋の気配を感じる頃に恋しくなるブレンドで、カステラやバターケーキなどと好相性。“ディヴィッド”（後で誰か分かります）も自宅で毎日飲むほどお気に入りだそうです。

『薔薇と桃』

薔薇は香りが強すぎて苦手という人も多いのでは？　でもご安心を。ピーチアプリコットと白桃のみずみずしい香りがブレンドされていて、柔らかな風味に仕上がっています。薔薇が気位の高いゴージャスな女性なら、「薔薇と桃」は優美で清楚な女性といったイメージ。ギフトに人気なのも納得できます。ちょっとお姫様気分に浸りながら、優雅なティータイムを味わいたいときにぴったりのブレンドです。

『キャラメルクリームティー』

ティーハウスでは、何百とあるフレーバーティーの中から、いろいろなものを組み合わせてブレンドを作っていますが、これはあまりの完成度の高さから、あえて何も加えていません。ティーハウスが出来る前から本国のムレスナ社にあったメニューで、「ミルキィーママ」や「マロンパリ」にも、このブレンドがキーとして使われています。こっくりとしたミルクティーで、砂糖を加えて味わってください。

David.K

ANATOMY OF DAVID.K

chapter 2

ディヴィッド.K解体新書

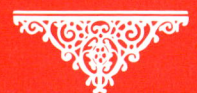

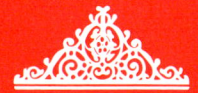

MlesnA
MLESNA TEA HOUSE

10-YEARS-OLD C.E.O

10歳で誕生した"ディヴィッド社長"。

パッケージにある「ディヴィッド.K」のサイン。この人こそ、日本にムレスナティーを広めた社長です。でも正真正銘の日本人。「小学生のときから学校が嫌で、ランドセルを背負う意味も分からなかった」と外国人並みに日本の規格からかけ離れたユニークな人物です。だから、この愛称もお気に入り。中には「金持ちの道楽で紅茶店を始めた人」だろうと、想像する人もいるかもしれません。でもそれは大きな誤解。彼はゼロからスタートし、様々な危機を独創的な発想で切り抜けてきたのです。

そんな規格外な社長が商売の意識に目覚めたのは10歳の誕生日。母親に連れられ、当時まだ珍しかったバイキング料理を食べに行ったときのことです。好きなものを好きなだけ食べられるパラダイスに、ディヴィッド少年はもう夢中。でも夢はお会計のときに覚めました。あまりの大食ぶりに大人料金を請求される事態に。「おかしい！」と心で叫びながら、世間の不条理を実感した出来事でした。「なぜかそのとき、自分で会社を作ろうって思ったんです。人を幸せにできる、自分が良いと思うものを世の中に広めたい」。未来のディヴィッド社長誕生の瞬間でした。

Thé Nighty Nite Tea
CAMOMILE TEA
PURE HERBAL TEA
PURE CAMOMILE
Thé Nighty Nite Tea
CAMOMILE TEA
PURE HERBAL TEA
PURE CAMOMILE
THÉ DU PETIT MAISON DE LA GRAND-MAMAN
GRANDMA'S
COUNTRY COTTAGE
TEA
THÉ ORANGE PEKOE
ORANGE PEKOE TEA
50 TEA BAGS
SACHET DU THE
100 GRAMS (3.52oz) 50 X 2g NETT.
BUTTERSCOTCH
TEA
THÉ BUTTERSCOTCH
Mlesna Tea Japan
MlesnA
LOOLECONDERA B.O.P.F.
Fine Ceylon High Grown Tea
Special invigorative tea for men and women

ENTER TEA WORLD

紅茶の世界への一歩は嵐の予感？

1985年、25歳のときに念願の会社を立ち上げ、海外の雑貨などを輸入販売していたディヴィッド。10歳の頃の気持ちを持ち続けたまま、自分が面白い、美しいと思うものを取り扱っていました。そんな彼がムレスナティーに出会ったのもこの頃。「当時はコーヒーが一般的だったけれど、僕は好きじゃなくて。紅茶は詳しくなかったけれど、ストレートティーは普通に飲んでました。特別美味しいとは思ってなかったな」。

あるとき、クライアントに「このスリランカの紅茶が美味しいから仕入れて」と頼まれたのが、ムレスナ社に出会ったきっかけでした。カタログの中で特に彼の目をひいた愛らしい木箱入りの紅茶を輸入したのです。「当時これが雑貨店などでよく売れて、一度に10,000個のオーダーが入ったこともあったよ」。ところが数年経ってブームは下火に…。けれどもディヴィッドは仕入れを止めませんでした。なぜなら、本国のムレスナ社の社長であるアンスレム・ペレラ氏に不思議な魅力を感じたから。自分の直感を信じる彼らしい行動でしたが、これが彼のビジネスに大きな危機と新たなチャンスをもたらす運命だったとは、当時はまだ知りませんでした。

Mlesna
Tea House
MLESNA
TEA HOUSE

OPEN TEA HOUSE

会社存続の危機でつくったティーハウス。

木箱の紅茶ブームが陰りを見せた頃、ディヴィッド自身も曲がり角に立っていました。「輸入販売という流通ビジネスに失望感を抱き始めたのです。本当にやりたいことをやろうと思って会社を起ち上げたのに、嫌になってきたうえ、収益も下がり始めていました」。気付けば最後に残ったのは、山積みになったあの木箱に入った紅茶と借金だけ。でも言い換えれば、最後までディヴィッドが守り残したのは、ムレスナティーの紅茶だったとも言えるかもしれません。

さて、そこで彼が取った行動は、驚くべきものでした。なんとさらに借金を重ねて、自らのティーハウスをオープンすることにしたのです。しかも、納得のいくものでないと愛せない性分ゆえ、店舗設計は京都でも人気の設計事務所リブアートに依頼。ティーカップは、ウェッジウッドのエブリデイユースというシリーズをオーダー。暴挙とも言えるプランですが、「本当にやりたいことなら、引かない。信じて耐えないと」と、大きな借金を抱えたまま贅沢過ぎるティーハウスをつくったのが、西宮にある現在の本店の始まりです。1998年のことでした。

MLESNA TEAS, THE FINEST TEA MERCHANT
Mlesna
Mlesna Tea
Naturally the Best
APRICOT ROMANCE TEA

SERENDIPITEA

悩みのタネが生んだオリジナルブレンド。

紅茶の知識に関してはまだ素人のディヴィッドでしたが、ムレスナ社のフレーバーティーの美味しさには目覚めていました。だからこそ、紅茶の世界と向き合うことを決心し、「美味しさを分かってもらえたら、絶対ファンができるはず。この魅力を自ら直接お客さんに伝えよう」と、完成したばかりのティーハウスで客を待ちました。ところが、世間で紅茶ツウと呼ばれる人たちの間でセイロンティーはメジャーでなかったこともあり、無情に時が流れるばかり。在庫と借金の山は減りそうにありません。

そんなある日、悔し紛れに木箱のパッケージを開封して在庫を処分しているときのこと。フワリとアプリコットの香りが漂い、次の箱を開けるとキャラメルの香ばしさが広がって、それが一緒になったとき、ディヴィッドの頭にズキンと衝撃が走りました。「その香りからストーリーが湧いたんです。アプリコットがキャラメルに恋をして、そこにブルーベリーがちょっかいを出す三角関係」。そんなイメージでブレンドしたのが、初のオリジナルブレンド「アプリコットロマンス」。会社のピンチだった在庫の山が、一瞬にして宝の山に。まさに、「ピンチはチャンス」です。

THE MAN

MEET THE MAN

“スリランカの紅茶王”との運命の出会い。

ここで少し時計の針を戻しましょう。

ディヴィッドを紅茶の世界へ誘ったのは、アンスレム・B・ペレラ氏といっても過言ではありません。この人こそ、スリランカのビジネス界でも飛ぶ鳥を落とす勢いのムレスナ社の創業者。「彼は本物だ！」とディヴィッドが惚れ込んだアンスレムさんとは、いったいどんな人物なのでしょうか？

早くに母親を亡くし、18歳で職探しをしているときに、ブルックボンド社（現在のリプトン・ブルックボンド）で募集があり、直感で紅茶の世界へ入ったアンスレム少年。彼もまた、ディヴィッドと同じく「直感の人」だったのです。でも、なぜ18歳の少年が採用されたのでしょう。その理由は、ティー・テイスティング・テストの結果、「すごい舌の持ち主である」ことが証明されたから。ブルックボンドは1869年にイギリスでアーサー・ブルックが創業しましたが、彼もまた「すごい舌を持った」ティー・テイスターの先駆者でした。ブルックボンドが世界的に有名になった理由の一つは、紅茶のブレンド技術の高さです。日によって価格や品質が変動する茶葉をブレンドして、味と価格を均一にしたのが成功の鍵でした。そこで

認められたアンスレムさんの舌とブレンド技術があるからこそ、ムレスナ社が誕生したといえます。18歳のアンスレム少年がブルックボンドに入らなければ、ディヴィッドや私たちは、ムレスナティーを飲むことができなかったかもしれません。

イギリス式のテイスティングを習得したアンスレムさんは1983年に独立。その後、同じく創業間もないディヴィッドの会社との取引が始まり、1988年にスリランカで初対面を果たします。まだ大きな取引をしていないにもかかわらず、「日本のエージェントになりたいんだろ？　それならもっと紅茶を日本に広めないといけない。うちの紅茶は最高なんだから売れないわけがない！」とディヴィッドに鬼気迫る勢いで語りました。その言葉に触発されたディヴィッドは「絶対この紅茶の世界で頑張ろう！」と固く決心。アンスレムさんという「尊敬できる企業人」に生まれて初めて出会ったことで、ディヴィッドの運命の歯車が回り出した瞬間でした。

アンスレムさんに認めてもらうのは簡単なことではありませんでしたが、ディヴィッドが日本のホテルで開催したお茶会に彼を招待したことがきっかけで、二人の関係にある変化が生まれます。会場に集まった客の顔ぶれを見て、アンスレムさ

んは「業者が来ると思ったら一般客ばかりだ。そうか、君の紅茶の世界はこういうことなんだな」と驚きました。ディヴィッドは業者に茶葉を売るより、消費者に自らムレスナティーを広めたこと、それがどれだけ大変だったかということを、ひと目ですべて理解したのです。その言葉を聞いて「運命のドアが開いた」と感じたディヴィッド。さらに「…でも、俺はこうなることを知っていたよ」というアンスレムさんのひと言に、ディヴィッドは「紅茶の神様の洗礼を受けた…」と心から感動するのでした。

　このお茶会で、ディヴィッドがムレスナ社の紅茶の世界の魅力を伝えるため、自ら新たなオリジナルブレンドを作っていたことをアンスレムさんは初めて知りました。でも、彼はそれを問題視することなく、それどころかディヴィッドの手法を讃えました。それは、「すごい舌を持つ紅茶王」に、ディヴィッドの舌が認められたということ。今ではアンスレムさんがディヴィッドのブレンドレシピを参考に、メニューを作るほどになりました。名実ともにビジネスパートナーであり、良き友人として、二人の関係は今に続いています。

DAVID.K-ISM

悩める人に希望を与える!?　ディヴィッド流仕事術。

ここからは、ディヴィッドの仕事についてご紹介しましょう。ティーハウスで軽快なトークとともに紅茶をサーブしている姿を見て、彼のことを「紅茶屋さん」と言う人がいますが、本当の顔はインポーター（輸入業者）。インポーターから茶葉を買い、紅茶店やティーハウスを営むオーナーとは違うのです。日本で飲めるムレスナ社の紅茶はすべて彼が仕入れ、ショップやパートナー的カンパニーを経て、私たちの元へと届けられます。「日本でいちばんムレスナ社をよく知る者として、いかにこの紅茶の魅力を知ってもらうか」を考えるのが仕事であり、彼の決定がムレスナティーのイメージを左右します。最近になってようやく、「みなさんに伝えたかったことが届き始めた」と感じているディヴィッドにも、悩んで四苦八苦した時代がありました。でも20余年間、頑なに守り続けてきた仕事術で数々の問題を乗り越えてきたのです。それは奇想天外な彼ならではの一風変わった仕事術。「仕事の話に興味はないよ」という人も、これらのエピソードを知れば、ムレスナティーの魅力をもっと理解してもらえるはず。同時に、人生に悩みがあっても吹っ切れるかもしれません。

ディヴィッド流仕事術
其の1

自分の考えは曲げない。

ディヴィッドは自他ともに認める頑固者。何せ借金ばかりが膨らみ、紅茶は売れない日々を送っていても「いつか必ず分かってもらえる日が来る」と信じ、頑なに我が道を爆走。「ほら、この一直線の運命線を見て！　絶対成功しますから！」と、銀行の担当者に手相を見せて融資を説得したほど。「同じ紅茶業界の人たちにも馬鹿にされたよ、フレーバーティーなんてダメだって」と言われ、借金が増えれば、普通なら心が折れてしまいそうなもの。それでも引き下がらない彼は、ただの偏屈な頑固者にしか見えなかったでしょう。でも、ディヴィッドがムレスナティーを諦めなかったのは、「本当にやりたいことからは引かずに耐える。それが信じるってこと」だと考えていたから。なぜそこまで信じることができたのかと訊ねると、「だってムレスナティーは本物だと思ったから。本当に美味しい紅茶を飲めば、幸せな気分になれるでしょ？　人を幸せにできる仕事は間違いじゃない」。自分の見栄や欲を優先し、好き勝手し放題の頑固者は身勝手なだけですが、人の幸せを願う強い意志は、大切な信念。それは仕事だけでなく、人生においてもいえること。あなたには信念がありますか？

Mlesna
MLESNA TEA HOUSE

ディヴィッド流仕事術
其の2

営業担当をおかない。

「餅は餅屋」ということわざがありますが、各分野のプロフェッショナルは凄いもの。ディヴィッドも「アンスレムのティー・テイスティング技術は凄いよ。ああいうのをプロっていうんだよね」と認めています。でも、自分の仕事に枠を決めないのがディヴィッド流なので、社長業の他にもさまざまな仕事を兼任しています。例えば、彼の会社には販売のプロ＝営業担当がいません。「任せれば楽なこともあるけれど、兼任したら仕事はもちろん、時代の流れも分かるから。いろいろな決定も早くできるでしょ？」というのが持論。細かいリクエストや問題について、決定権を持つ本人が対処するのが最善というわけです。その一方で、ティーハウスではエプロン姿で紅茶もサーブ。お客さんとの会話からアイデアが浮かんだり、新たな発見をしたりする大事な時間です。今では定番となった「今月のおすすめブレンド」も、お客さんが喜んでくれたのがきっかけでした。夏の人気メニューのキャラメルアイスドルチェは、「夏にアイスティー以外の楽しみを」と企画したもので、自ら紅茶を淹れてサーブしている彼ならではの発想。アイデアのきっかけが欲しければ、現場に立つのがディヴィッド流です。

女神の果実で
水出ししましょう。
女神の果実
やさしい午後からは
パネトーネ
MLESNA TEA WATER CONCEPT
の紅茶
はちみつリンゴ
北欧の香り
オランジェな午後に
おいしいティータイムしよう。
オランジェ パリ
ORANGE PARIS
7ベリーロンドン
7 BERRIES LONDON
スウィートシノワ
キャラメルチャイ
お花の香りで
1000%果実
の紅茶
エデンの果実
EDEN'S FRUIT
感謝で
の紅茶
杏子のジュリエッタ
花いちご
4トロピカル フルーツ
さりげなく
美しく生きて
いきましょう。
アイス ワイン
京都四条の香り
KYOTO SHIJO NO KAORI
紅茶を水出し
しましょうねエッ
アイスベリー
ICE BERRY
ミルキーキャンディ
ありがとうの紅茶
きらめき果実
果実のマリア
FRUITY MARIA
ESPRESSO
TEA
ビター エスプレッソ ティー
BITTER ESPRESSO TEA
京都祇園の
香り
京都祇園の香り

ディヴィッド流仕事術
其の3

できることはすべて自分でやる。

　ショップに並ぶブレンドティーは、ディヴィッドにとって作品です。配合のレシピはもちろん、パッケージも本人の企画。本国にはありません。ティーハウスをつくり、オリジナルのパッケージを、と考えたとき、ディヴィッドの脳裏に浮かんだのは輸入菓子。少年時代からお小遣いを貯めては可愛いパッケージのお菓子を買っていたそうです。「特に缶入りがお気に入りで中身はどうでもよかった」。そこでキャニスターを模した缶をデザインしたのですが、こだわったのがフタ。「費用が余計に掛かっても“チョボ”をつけたかった。ある方が素敵でしょ？　でも普通なら作らないだろうね」と本人も笑う「価値ある無駄」が生み出した作品は、プレゼントにも人気です。そして最近のヒット作は、バリエーション豊富なキューブボックス。この箱に書かれているメッセージを読んだことはありますか？　プッと笑ってしまうもの、ちょっと考えさせられるものなど独特の言葉が並びます。実はこれも、ディヴィッド作。最初は背面の１面から始まり、ついには言いたいことが多くなり全面にメッセージを挿入！　伝えたい気持ちが強すぎて、撮影まですべてを担当してしまいました。だから、ちょっとやり過ぎてもご愛嬌。

『ディヴィッド語録傑作選』

お金はね、追うとだめ。
追われるようになるからね。

信念を曲げた瞬間、
見守ってくれていた神様の手が
離れてしまう気がする。

オリジナルな
世界を歩くパイオニアは
孤独だ。

「きつい」とか
「きびしい」のなかに、
幸せは隠れていると思う。

恥をかいて、
時には自分を変えることも大切。

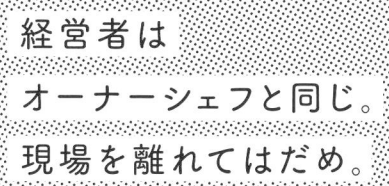

経営者は
オーナーシェフと同じ。
現場を離れてはだめ。

えげつない変人じゃなくて、
ちょっと変わった人で
いることは良いこと。

ビジネスってね、
お金に余裕あるから
やるっていうんじゃ
だめなんだ。

そりゃいやになることもあるし、
もうダメってことも人生にはある。
でもそこをもう一歩、考えたり、
その人の立場に立ってみたりしたら、
意外に違う視野が広がって、
逆に楽しくなるかも。

人生って結局、
最後につじつまが合うように
できてるよ。

アイスティーは「アート・オブ・ティー技法」と名付けられたディヴィッドオリジナルの作り方でサーブ。カウンター席でご鑑賞あれ。

ディヴィッド流仕事術
其の4

仕事とは文化と幸せを生み出さねばならない。

ディヴィッドの仕事は、ムレスナティーを輸入して販売すること。「でも売れたら何でもいいってわけじゃない。もちろん利益は大事だけど、新たな紅茶文化を作って人を幸せにすることも同じくらい大切」。そのために、紅茶の淹れ方や作法などではなく、もっと気軽に親しんでもらうための提案をしようと考えました。そして生まれたのが、ユニークなアイスティーの作り方。ムレスナティーでは一般的な淹れ方とは違い、たっぷり氷を入れた２つのグラスを使用。まるでお手玉のように、紅茶を移しながら冷やします。これはディヴィッド自身が「アート・オブ・ティー」と呼んでいる、空気を最大限に使うメソッド。こうすることで、素早く冷えるのでクリアな水色がキープできるうえ、空気に触れるため、より香りが広がるのです。そして、何より面白い！　「これは一つのエンターテイメント」と言いながら、アイスティーを淹れるディヴィッドの流れるような手さばきは、ぜひカウンターでご覧あれ。「心からありがとうの紅茶」や「素直になれなくてごめんなさいの紅茶」など、一風変わった名前のブレンドを作ったのも、「気持ちを紅茶のプレゼントと一緒に伝えてもらおう」というアイデア。今までにない紅茶の世界を一緒に楽しんでください。

MlesnA
MlesnA TeA

ディヴィッド流仕事術
其の5

独占しない。

ムレスナティーを扱っているショップやレストランは、どんどん増えています。でも、実際にディヴィッドが陣頭指揮をとるのは西宮本店だけ。「自分で管理できる範囲には限界があるでしょ？」と言うとおり、営業担当もおらず、いろいろな仕事を兼任していては無理があります。ではどうしているのかといえば、「ムレスナティーを心から理解して愛している人たちに店を託しています。家族のようなパートナーカンパニーで、茶葉を仕入れる前の試飲なんかも一緒にするしね」。それならフランチャイズ化すれば利益も増加し管理しやすいはずですが、利益だけを追求しないのが彼の流儀。しかも、各店がそれぞれ違った展開をしています。「そこが大事だと思うんだよ。新しい発想で新たなムレスナティーの魅力を発信してほしいから。それは規則の多いチェーン店にはできないことでしょ？　第一、利益を独占しすぎるブランドは、人から愛されない。みんなで分け合うために、今年は本店をリニューアルしてもっと居心地の良い空間にしたんだよ」。理不尽な規則が嫌いで、人を幸せにできる会社を作りたいと願った少年時代の想いを、彼は40年以上忘れずに形にしました。これぞ、初志貫徹。

MLESNA TEA WATER CONCEPT
いちじくキャラメル
キャラメルクリームティー
白桃アールグレイ
おしゃれなレストランで
あなたとおいしい
お茶を飲みながら
お花をかざって
きれいな光がさしてくる
午後からおいしいショコラと
おいしい紅茶で
ティータイムですねェッ！
オリエンタルバカンス スウィートシノワ
ORIENTAL VACANCE SWEET CHINOIS
MLESNA TEA
Naturally the Best

ディヴィッド流仕事術
其の6

何かを始めたい人たちへ。

そもそもディヴィッドがこの本を作ったのは、ムレスナティーを知ってもらうためだけでなく、ビジネスはもちろん、何かを始めたいと思いながらも悩んでいる人たちへ伝えたいことがあったから。「でも諦める人が多いでしょ？　本気でやりたいことは諦めないでほしい。石の上にも３年って言うけれど、３年で結果が出るのではなく、ようやく最初の節目が来るだけ。３年が１セットで、僕は７セット目でやっと希望の光を感じたんだよ。そして本気でやると決めたら、リスクを背負うべき。だから僕は借金をしてでも、自分のティーハウスを持とうと思った。そうじゃないと逃げ道ができて、いつでも痛手なく辞められるからね。リスクや責任を負えないなら、夢や、やりたいことは実現しないと思う」。夢にあふれた子供時代を過ごしても、大人になって現実を知るとその夢を失いがちですが、責任を負える大人になってこそ本当の夢が見られるはず。だから、もっとみんな夢を持ってほしい、そんな人たちに幸せやくつろぎを与える紅茶を届けることがディヴィッドの願いです。それでも悩んだら、ムレスナティーを一杯どうぞ。リフレッシュして、名案が浮かぶかもしれません。

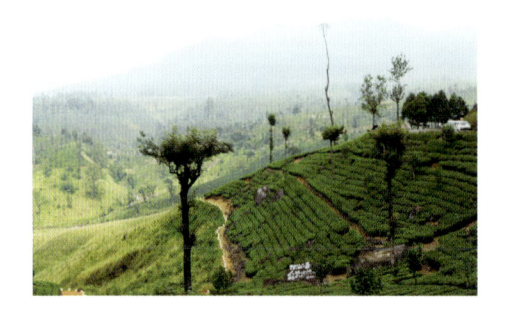

MECCA OF BLACK TEA

chapter 3

紅茶の聖地・スリランカへ

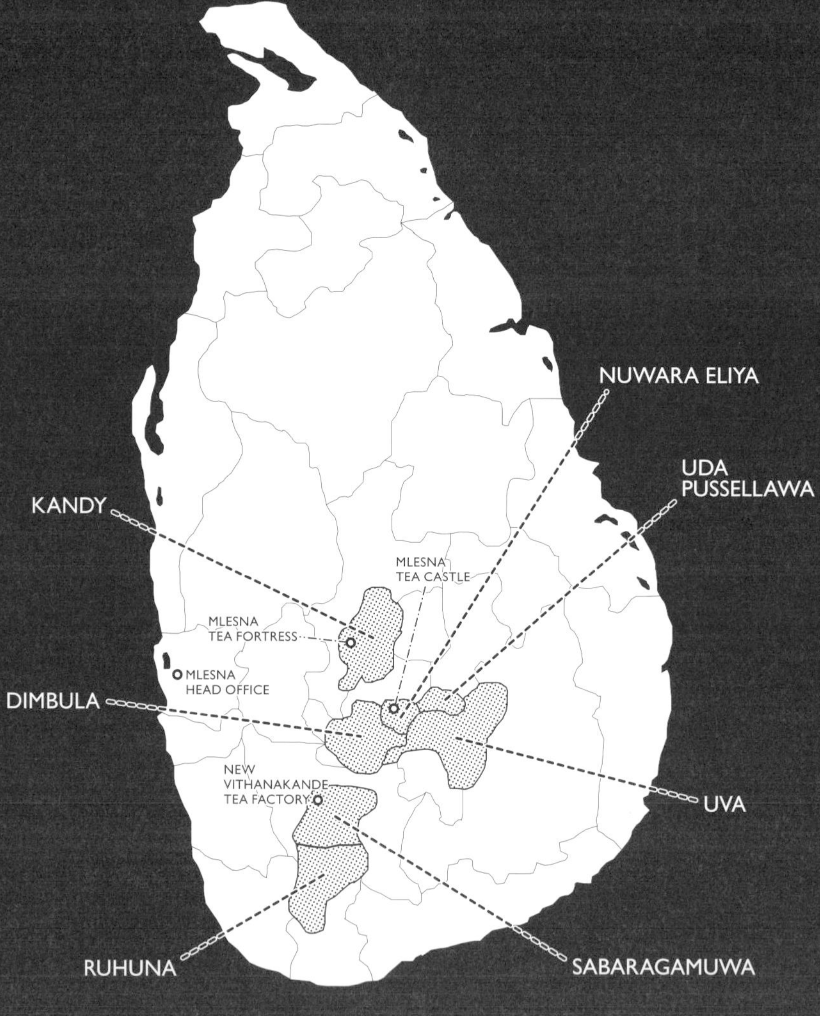
NUWARA ELIYA
UDA
PUSSELLAWA
KANDY
MLESNA
TEA CASTLE
MLESNA
TEA FORTRESS
MLESNA
HEAD OFFICE
DIMBULA
NEW
VITHANAKANDE
TEA FACTORY
UVA
RUHUNA
SABARAGAMUWA

SRI LANKA

LEARN CEYLON TEA

セイロンティーの本当の話。

スリランカの茶園を訪れて直接紅茶を買い付けている人もいるようですが、本来は国営のオークションで取引されています。毎日収穫される茶葉が紅茶となり、茶園自慢の逸品は毎週オークションにかけられるのです。ですから良質な茶葉は、オークションでしか手に入らないといっても過言ではありません。

また、日本では６つの産地が紹介されていますが、現地では７エリアに区分し、スリランカ全体では12,000を超える茶園があると言われています。ディヴィッド曰く「日本人がちょっと行って、そんな中から一番良い茶園を見つけるなんて無理だと思う。それは現地にいるアンスレムたちのようなプロの仕事。茶園へ行って安い茶葉が買えても意味がない。僕は本当に良いものを紹介したいからね」。

少し前までセイロンティーはあまり高級な茶葉ではありませんでした。それを、アンスレム氏のようなティーテイスターが世界に通用する紅茶を提案し、人気を確立してきたのです。「彼らは茶園の指導もしているから、栽培のクオリティもどんどんアップしている。きっともっとセイロンティーは美味しくなるよ。その奥深さや美味しさを知らせたい」と、現地を訪れるたび思いを新たにするディヴィッドです。

〈セイロンティー7大産地〉

スリランカでは標高に応じてハイグロウンエリア（標高約4,000フィート以上、約1,300m）、ミッドグロウンエリア（標高約2,000～4,000フィート、約670～1,300m）、ローグロウンエリア（標高約2,000フィート、約670m）に区分されています。

NUWARA ELIYA

HI-GROWN

ヌワラエリヤ

標高約4,000フィート以上をハイグロウンエリアと呼びますが、車の入れない9,000フィートの高地にまで茶園があります。茶葉には爽やかな香味があり、ムレスナ社のフレーバーティーのベースにも使われています。

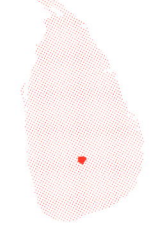

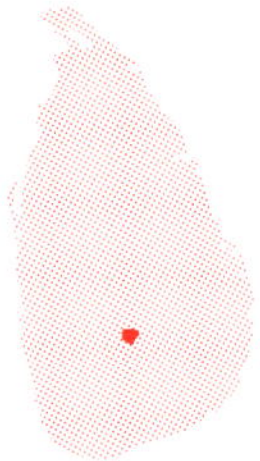

UDA PUSSELLAWA

HI-GROWN

ウダプセルラワ

ヌワラエリヤと隣接し最近注目を浴びているエリアで、同じく良質の茶葉を作っています。ヌワラエリヤに似ていながらもコクのあるものや、ウバに近いエリアではメントール系の香味が楽しめる茶葉などがあります。

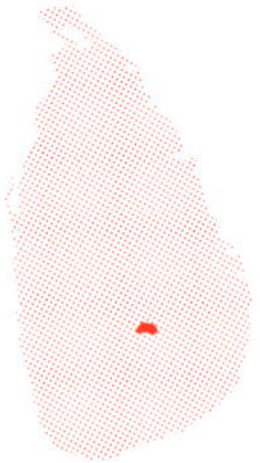

DIMBULA

HI-GROWN

ディンブラ

セントクームラボラトリーという政府の紅茶の研究所があるほど、セイロンティーの中で一番有名なエリア。コクのある茶葉はディヴィッドも大好きで、なかでも注目を集めつつあるラクサパンナ茶園のものを販売しています。

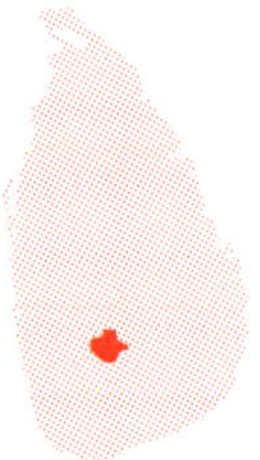

UVA

HI-GROWN

ウバ

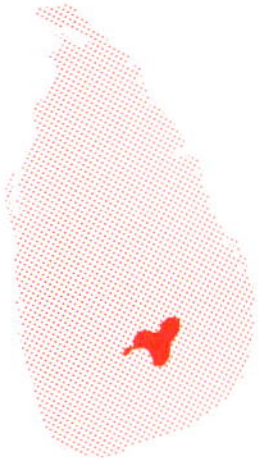

世界３大銘茶の一つ。メントールの香りが特徴的で、ミルクにも合いますが、ディヴィッドはストレートで味わうのが好み。ムレスナティーでは、アドワッテなど、時季に応じて最高の茶園の茶葉をサーブしています。

KANDY

MEDIUM-GROWN

キャンディ

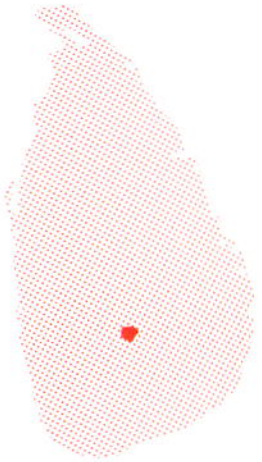

ディンブラと隣接しており、深みのある水色とコクの強い茶葉で知られています。ムレスナティーでも、ジェームズ・テイラーが築いたルールコンドラ茶園の紅茶は人気。ぜひミルクティーで楽しんでください。

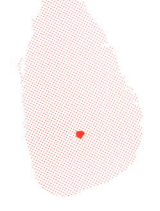

SABARAGMUWA

LOW-GROWN

サバラガムワ

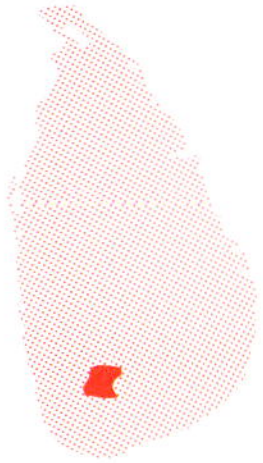

日本ではまだあまり認知されていないエリアですが、現地では区分されています。ディヴィッド注目のニューヴィサナカンダ茶園（P73）もこのエリアに位置し、大きなリーフのものをアンスレム氏が好んで仕入れています。

RUHUNA

LOW-GROWN

ルフナ

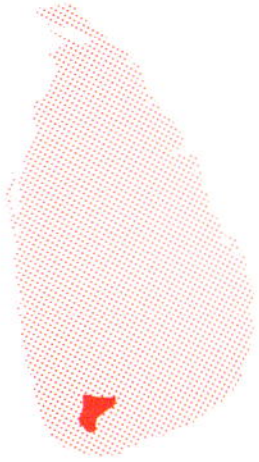

水色が濃いため、中近東の人たちがブレンドに愛用した茶葉で、苦みや渋みのある強い味の紅茶が特徴。最近では茶作りにも変化が見られ、さらに良い茶葉が誕生しそうだとアンスレム氏やディヴィッドは期待しています。

MesnA

MLESNA (CEYLON) LTD.

本国のムレスナはこんな会社です。

ムレスナ社は自社茶園を持たず、常にクオリティの高い茶葉を買い付けて世界へと発信しているため、本社は茶園に囲まれた場所ではなく、スリランカ経済の中心地コロンボにあります。ちなみに「ムレスナ」とは、創業者であるアンスレム・B・ペレラ氏の名前のアルファベットを逆から読んだもの。一代で築き上げたティーカンパニーですが、今やスリランカの有力企業になりました。紅茶オークションの運営には大手５社ほどが関わっていますが、ムレスナ社もそのうちの一社。セイロンティーとフレーバーティーの地位を高めた立役者として知られ、アンスレム氏の神業的なテイスティングで選んだ高品質な茶葉は、日本はもとより、ロシアやギリシャなど約60カ国で愛されています。

重厚な門を開ける専門の門番（！）がいるお城のような建物が、ムレスナ社のファクトリー。すべてを見て回るには１日かかるほど広大です。

1	2	7	8
3	4	9	10
5	6	11	12

1. ずらりと並んだボックスに入っているのは、毎週ティーブローカーが茶園から運んでくる茶葉のサンプル。アンスレム氏らがテイスティングし、オークションで競り落とすものを事前に決めます。**2**. ここが 1 のサンプルを見極めるテイスティングルーム。**3**. これからテイスティングが始まります。**4**. 準備をするのは、昔からこの方。大量の茶葉を正確に測り、完璧にセッティングするプロです。こんな専門職が必要なほど、テイスティングが大量で、なおかつ大切なのです。**5**. 500 近い茶葉の中から 200 ほどを選び、テイスティングしていきます。こんなに大量の茶葉の風味を識別するとは、まさに神業。水を口にすればリセットできる舌が、ティーブレンダーには不可欠です。**6**. 味と香り、水色、茶葉の状態などを見極めるのは、日本茶のテイスティングと同じ。**7**. 続々と茶園から

届く茶葉。昔は木箱に入っていたため、木屑など異物が混入しやすく検品が大変だったそう。**8**. ここではブラックティーのブレンド中。フレーバーティーのベースとなるブラックティーも、複数をブレンドすることで品質や味を安定させています。**9**. ジボダン社のフレーバー。これらを使ってフレーバーティーが完成します。一般的なフレーバーに比べるととても高価なものですが、風味の良さは別格なだけに他社の香料を一切使っていません。**10**. 茶葉に香りを付けるためのフレバリングドラム。霧状のフレーバーを噴霧する方法もありますが、より均一に仕上げるために、ジボダン社のアドバイスを受けて開発したムレスナ社オリジナルのマシンです。**11**. 出番を待つ仕上がったばかりのフレーバーティー。**12**. さまざまなムレスナ商品が保管されているストックルーム。

DAVID GOES TO SRI LANKA

ディヴィッドのスリランカ訪問記。

ディヴィッドは毎年のようにスリランカへ足を運び、茶園を巡っています。ここからは、彼がスリランカ紅茶紀行で立ち寄ったほんの一部を紹介しましょう。スリランカでいつも感じるのは、アンスレム氏を始めとする現地の紅茶のプロたちの凄さ。「日本でいくら紅茶のプロって言ったって、彼らのように日々茶園を目にし、何百という紅茶を毎日テイスティングすることなんてないでしょう。彼らから見れば、僕たちなんてひよっこ。いつも勉強させてもらっている」。そして、まだセイロンティーの魅力が日本に十分には伝わっていないことを痛感するそう。「フレーバーティーだけでなく、ムレスナティーには本当に凄いブラックティーがあるんだよ」。アート・オブ・ティーの伝道師として、ディヴィッドの旅はまだまだ続きそうです。

MlesnA

ムレスナ本社

〔コロンボセブン〕

本社オフィスは新しくなったばかり。ディヴィッドはスタッフはもちろん、アンスレム氏と一緒に働く息子のアルジュナ氏らとも仲良しです。アンスレム氏はディヴィッドと同様、営業担当がおらず、多忙で厳しい社長でもあります。「社長室でのんびりしていないのが彼らしい」とディヴィッド。オフィスにはスリランカでは希少なエレベーターを導入、スタッフも生き生きとして良い雰囲気。「良い物を作り出すのに大切なのは、やっぱり人。その人たちが能力を発揮できる環境を作るのも、社長の仕事」と、ディヴィッドはここへ来るたびに思います。

MlesnA
Tea Castle
St.Clair

ヨーロッパの古城さながらのティーキャッスル。巨大オブジェはサモワールという道具を模したもの。昔はこれで紅茶をサーブしていました。

ムレスナティーキャッスル

〔ヌワラエリヤ〕

その名の通り、ムレスナティーのお城。何せ、イギリスのウェールズ地方にあった古城を元に造ったのですから。セイロンティー発展の立役者、ジェームス・テイラー像も鎮座する館内にはカフェやショップなどもあり、一般にも開放。近くにあるデボンズホールという滝とともに観光スポットになっています。数あるティーカンパニーの中でも、先進的なアイデアでこのような施設を造って、紅茶を広めているのはムレスナティーだけといっても過言ではありません。実はディヴィッドもいつか日本にティーキャッスルを造りたいという野望があるんですって。

ニューヴィサナカンダ茶園

［サバラガムワ］

何度もスリランカを訪れているディヴィッドですが、特にこちらの茶園がお気に入り。ローグローン地域にあり、とても高品質な茶葉を栽培しています。有名なシンハラ熱帯雨林を見下ろすように茶園が広がり「ここから見る景色は本当にきれいで、霧がかかっているときなんか涙が出そうなほど幻想的」とディヴィッド。その環境が良い茶葉を育てるのです。しかも、生産された紅茶は独自の基準で30もの等級に分けられていて、丁寧かつこだわりのある茶作りに徹しています。ムレスナティーハウスでは空輸した茶葉のフレッシュな風味を楽しめますよ。

ANY TIME IS
TEA TIME

MORE ABOUT MLESNA

chapter 4

もっとムレスナティーを楽しむために

MlesnA
MLESNA TEA® HOUSE
西宮本店

WELCOME TO TEA HOUSE

ムレスナティーハウス本店へようこそ。

ムレスナティーの日本初店舗＆本店はオープン以来、変わらず西宮にあります。自他共に認める新しいもの好きのディヴィッドですから、新たな場所へと移転を考えそうなものですが、不思議とそんな気は起こりませんでした。「だって、大阪や京都はもちろん、東京にも仲間のティーハウスがあるしね。僕はあえて、ここから発信するのが良いと思ってる。どこにもないものがつくりたいから」。…と言いつつも、2012年、近隣にファクトリーを新設、本店もリニューアルしました。レインボーカラーのタイルが目印の新看板もお気に入りです。新しくなった本店でますます張り切って新商品のパッケージやブレンドを企画中。ディヴィッドのこの子供のような欲求と好奇心こそ、ムレスナティーが成長していく原動力でもあるのです。

Mlesna
MLESNA TEA HOUSE
Embrace Fine Quality
High Grown Ceylon Tea

「分厚くないとホットケーキじゃない！」というディヴィッドが苦心の末に作った専用の道具と鉄板で、じっくり丁寧に焼き上げます。

ムレスナティーハウス西宮本店

〔兵庫・西宮〕

2012年夏、ファクトリーのオープンに伴い、ティーハウスも14年ぶりにリニューアル。まず、長らく企画してきた究極のホットケーキ（P88）をメニューに加えるべく、カウンターを広げて専用コーナーを作りました。そして、ファクトリーだったスペースは、ショップコーナーに。人気のレインボー缶やキューブボックスも並び、より見やすく選びやすくなりました。ディヴィッドもここで新しい企画をいつも考えています。これからも楽しい新作に乞うご期待！

1	2	4
	3	5

1. 外観はあまり変化がないですって？　左側をよ～くご覧ください。ひと目で分かった人は、ムレスナ通。**2.3**. こちらは、かつてのティーハウスの様子。2は今はなきブレンドルーム。3の壁をよく見ると、黄色い模様！？　いえいえ、これはチャイを作っているうちに、スパイスの湯気で自然に色付いたのです。**4.5**. 新しくなったティーハウスは、壁もすっきり白くなりました。実は椅子もちょっぴり衣替え。ブレンドルームがなくなった分、カウンターが長くなって、ゆったり。その奥にはショップコーナーがあります。

ムレスナティーハウス本店
兵庫県西宮市上甲子園 1-1-31　☎ 0798-48-6060　11:30 ～ 19:00　不定休

MesnA
meet's

BUILD NEW FACTORY

2012年、新たなスタートです。

フレーバーティーを身近に感じてもらうため、ディヴィッドはティーハウスの一角にブレンドルームを併設しました。ここで茶葉のブレンドをしていると、良い香りが店中に広がり、初めて見る人たちは興味津々。そんな名物のようなスペースは、2012年6月、近隣に完成したファクトリーへと移転してしまいましたが、その代わりにティーハウスには新たなショップスペースができ、ますます魅力的に。一方で、ファクトリーが完成したおかげで、より多くのブレンドが効率良くできるようになりました。ここから、ますます楽しい紅茶の世界を発信していきます。

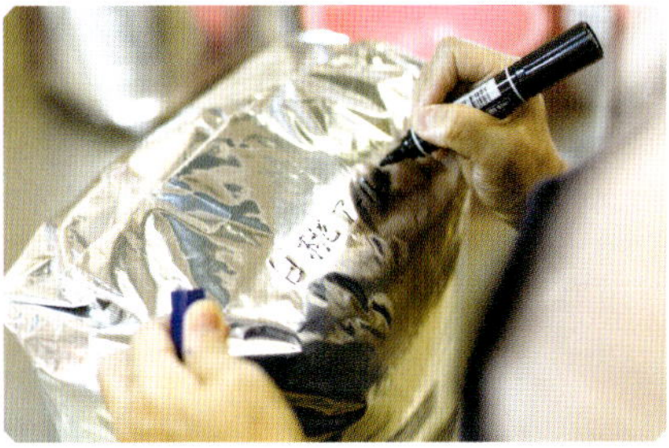

ファクトリーの２階はブレンド専用ルーム。フルーツや花の香りに包まれて、うっとりしてしまいます。ここにいるスタッフの多くは、長年ムレスナティーを支えてきたベテラン揃い。棚に並んだフレーバーティーを組み合わせて、どんどんブレンドを作っていきます。膨大な種類があるオリジナルブレンドは、すべて右下のブレンドノートに配合の割合が書き残されているので、昔のメニューも再現可能。いわばムレスナティーの虎の巻です。ブレンドは機械を使わず人の手で丁寧に行うため、少量であっても均一に仕上げることができます。また、作り置きせず必要な分だけブレンドするので、常に香りがフレッシュ。ティーバッグもマシンを導入し、ここで一つずつ袋詰めしています。こうした愛情込めた手作業で、ムレスナティーは作られているのです。

ムレスナティーのすべてを味わいたいという人には、ディヴィッドのスペシャルトーク付きのセットをどうぞ。食べて、飲んで、笑って、幸せになれるコースです。12,000円（要予約）。

DAVID'S SPECIAL MENU

本店の自信作をご賞味あれ。

自慢はもちろん、紅茶。ですが、アート・オブ・ティーと称したアレンジティーも自信作です。エスプレッソティーはご存じ？　夏の定番・キャラメルアイスドルチェは？ 自他共に認める食いしん坊ディヴィッドが、「自分が食べて美味しいもの、食べたくなるもの」を追究して作ったフードメニューもお忘れなく。たとえば、新作の「究極のホットケーキ」は必ずオーダーしたいメニュー。ディヴィッドはこれがあまりに好き過ぎて毎日食べているうちに太ってしまったとか…。どうです？　食べたくなってきましたか。では、本店でお待ちしています。

THE ULTIMATE PANCAKE

究極のホットケーキ

世の中でホットケーキが人気だから、作ったわけじゃないんです。本当に美味しいホットケーキが食べたくて、でもなかなかお気に入りが見つからなかったので、ついに自分で作ることにしたディヴィッド。ふんわりと厚みがあって、でもフワフワし過ぎず、粉っぽさがないのに小麦の味がしっかり感じられるものをと、小麦粉のセレクトからブレンドまで試行錯誤。そりゃもう、ブレンドはライフワークですから。でも、次は思い通りに焼くために、また試行錯誤。実はベーキングパウダーを入れていないので、普通の焼き方ではふんわりと仕上がりません。結局、鉄板から焼き型まで、自分でデザインして特注で作ってもらいました。そして、食べ方にもひと工夫。メイプルソースではなく、キャラメルティーを煮出して作った香りの良いシロップをたっぷりと。だって、ムレスナティーの特製ですから。1枚で十分食べごたえがありますが、スイーツ好きなら2枚ペロリといけます。1,470円。

ORIGINAL SANDWICHES

オリジナルサンドウィッチ

サンドウィッチといえば、英国貴族のサンドウィッチ伯爵ジョン・モンタギューの逸話が有名です。なんでも最初のサンドウィッチは、パンに牛肉の薄切りを挟んだものだったとか。きっと、飲み物は紅茶だったのでしょうね。でもディヴィッドは英国式紅茶文化に興味がないので、アフタヌーンティーに出てくるようなものは作るつもりがありませんでした。食いしん坊なので、美味しくなくっちゃ絶対にNO！　そんなある日、スタッフが買ってきたイングリッシュマフィンのような丸いパンを、ディヴィッドはとても気に入りました。そうだ、こんなパンでサンドウィッチを作ろう。というわけで、大好きなチョリソー入りのパンを馴染みのベーカリーにオーダーして出来上がったのがこちら。外はカリッと、中は程よくフワッとした食感で、イングリッシュマフィンとはまた違った味わい。たっぷりのサラダと一緒にサーブされるのでボリュームもあり、ランチ代わりにもおすすめです。1,470円。

CARAMEL ICE DOLCE & MILK ESPRESSO TEA

キャラメルアイスドルチェ

ティーハウスらしい夏のメニューとしてティーソーダなどがありますが、一番人気はこれ。茶葉の量を増やして濃いめに淹れた紅茶を凍らせ、クラッシュドアイスにして、アイスクリームをトッピング。まずは、グラニテのようにそのまま味わって。溶け始めたら、添えられたミルクを注いでアイスミルクティーにしてどうぞ。一度で二度楽しい暑い季節のごちそうティーは、いろんなブレンドで試してみても、やっぱりキャラメルティーが一番美味しいのです。1,575円。

ミルクエスプレッソティー

まだ紅茶がコーヒーよりマイナーで、ディヴィッドが悔しい思いをしている頃、エスプレッソが流行しました。それなら紅茶でやってやろうとチャレンジしたのがエスプレッソティーです。でも某有名飲料メーカーなども同じ名前の紅茶を出すなど、似たものが増えたので5年ほど前に一度はやめたのですが、リニューアルして再登場。ストレートティーの約4倍量のディンブラを使っていますが、コクとパンチがあるのに渋みがないのがムレスナティーならでは。840円。

CHAI & CONTINENTAL ROYAL MILK TEA

チャイ

スリランカはスパイスの産地としても有名。だから、チャイもメニューに加えました。味の決め手は1粒単位で取引されるほど高級なカルダモン。それにシナモンなどを加えて煮出します。ティーサロンの壁が淡い黄色に染まるほど（現在はリニューアルして白壁です）スパイスを使っているのですが、香味がしっかり際立ちつつもマイルドな味わいなのは、キャラメルティーで作っているから。やっぱり、他では味わえないチャイを楽しんでもらいたいのです。1,890円。

コンチネンタルロイヤルミルクティー

どのブレンドティーでもオーダーできる濃厚なロイヤルミルクティーです。一般的なロイヤルミルクティーとは違い、一滴の水も使わずミルクだけで抽出するのがポイント。ミルクでは茶葉が開かないと思われがちですが、ムレスナティーなら大丈夫。しかも、さらなる旨みを引き立たせるために、二度に分けて茶葉を足します。いわば、日本料理で出汁を引くときの追いがつおの手法。煮出し方と、追いがつおならぬ“追い紅茶”のタイミングが大切なのです。945円。

BLACK
STRAIGHT TEA

ブラックストレートティー

ムレスナティーはフレーバーティーの美味しさから人気に火が点きましたが、もちろんきちんと高品質なブラックティーも取り揃えています。アンスレム氏がテイスティングして選び、競り落とした自慢の茶葉の中から、さらに日本人に合うものをディヴィッドがセレクトしています。例えば、ニューヴィサナカンダOPAは、とてもキリッとした味わいでディヴィッドも深く感動した茶葉です。わざわざ小ロットに分けて空輸便で輸入しているので、フレーバーティーに慣れている人も、天然の茶葉が持つフレッシュな香りに驚くはず。常時10種類ほどが店頭に並んでいますが、実際はフレーバーティーほどの人気はありません。でも、スリランカのブラックティーの美味しさも知ってほしいから、これからも発信し続けます。フレーバーティーなんて二流だと言われた時代に、本物は美味しいのだと訴え、ようやく分かってもらえたのですから、きっとこの味の良さも伝わると信じています。750円〜。

DAVID'S TEA WORKSHOP

美味しく楽しいティーセミナーへようこそ。

本店にはディヴィッドが紅茶について語るプチセミナーのようなコースがありますが（P86）、他の場所でも不定期でティーセミナーを開催しています。と言っても、道具や紅茶の淹れ方をレクチャーするのとは違い、あくまで“ディヴィッド流”のため、初参加の方は驚かれるかも。「どうしたら美味しく紅茶が淹れられるかって？　あなたの好きなように淹れたらいいんです。ストレートだってミルクティーだって、ムレスナティーは美味しいんですから！」と笑い飛ばすディヴィッド。だからセミナーはムレスナ自慢のフレーバーティーやブラックティーを飲むことと、ディヴィッドのトークが中心です。常に参加者から笑いが起こる楽しいパーティー的セミナーにはリピーターもいるほど。詳しくは本店にお問い合わせを。

MLESNA AVAILABLE HERE

ムレスナティーはここでも飲めます。

ムレスナティーが飲める場所が年々増えています。ここで紹介するのは、ムレスナティーを愛してやまない人たちが作り上げた４軒のティーハウス。いずれも本店に負けず劣らず素敵な紅茶専門店です。自慢の紅茶と、それに合う独自のメニューを提案しているので、それぞれ違った魅力があります。ほっとしたいとき、何となく元気が出ないときはティーハウスへどうぞ。幸せな香りに包まれれば、きっと元気と笑顔が取り戻せるはずです。通い較べて、自分のお気に入りを見つけてください。

ムレスナティーハウス京都

［京都・烏丸錦］

数あるティーハウスの中でも、本店に次ぐ歴史があるのが京都店です。それだけに、毎月ここだけのオリジナルブレンドを提案、そのセンスの良さはディヴィッドやアンスレムさんも唸らせるほど。限定のブレンドを味わうため、毎月京都に足を運ぶムレスナファンが多いのも納得。さらに、ムレスナティーオリジナルのスパイスを使用する、薫り高いカレーも外せません。可愛いボックス入りスパイスも販売しているので、紅茶と一緒におみやげにどうぞ。

1	2	4
	3	5

1. 設計は本店と同じくリブアートが手がけているため、落ち着いたインテリア。2. にぎやかな四条烏丸からほど近く、錦市場で知られる錦小路通に面しています。3. 野菜カレー 1,200 円は界隈 OL のランチとしても人気。「紅茶の香りの邪魔にならないか、メニューを出すまでずいぶん悩んだ」一品ですが、スリランカはスパイスでも有名なため、あえて作り続けているという、こだわりのメニュー。4. まずは今月のおすすめブレンド 150g1,890 円を味わって。5. 陶器入り 850 円は京都店のオリジナル。

ムレスナティーハウス京都

京都市中京区錦小路通烏丸西入ル占出山町 315-3　日鴻ビル 1F　☎ 075-211-8750　10:00 ～ 19:30　水曜不定休

ザ・ティー

〔大阪・梅田〕

2011年8月にオープンしたザ・ティーは、54席もある広々としたティーハウス。まっすぐ伸びるロングカウンターと、トレードマークの赤いキャニスターが目を引きます。梅田の中心部にあるため、ショッピングの合間に立ち寄るのにも便利。疲れて甘いものが食べたくなったら、リングパンケーキがおすすめ。見覚えがありませんか？　そう、本店で誕生した人気メニューです。現在はここでしか食べられないので、本店で楽しみにされていた方はこちらでどうぞ。

1	2	4	6
	3	5	7

1. ショップスペースは左右に2カ所あり、紅茶のメニュー数も充実。量り売りもOK。2. カウンター横のソファー席は、座り心地抜群。3. ドーナツのようだけれど、違います！　キャラメルクリームティーの特製ソースをかけて味わうリングパンケーキ840円。4.6. オープン1周年を記念してディヴィッドがブレンドしたベッティーズトロピカル840円。マロンやサワーサップが香る限定品です。キューブボックス682円。5. 左右に広がる、ゆったりとした店内。7. 地下道を通ってビルに入れるので雨の日も便利。

ザ・ティー

大阪市北区梅田2-5-25　ハービスプラザB1　☎06-6343-0220　11:00～20:00（LOはフード19:00、ドリンク19:30）不定休

エシュロンティーハウス本店

［滋賀・野洲］

滋賀で人気のカフェ［スプーン］のオーナーが美味しい紅茶を店で出したいと探していたとき、出合ったのがムレスナティーでした。知れば知るほどにその魅力にはまり、ついには2012年に専門店をオープン。より紅茶を楽しめるようにと、パティシエが腕をふるうデザートコースを作るなど、ディヴィッドに負けず劣らずユニークなアイデアでもてなしてくれます。早くもここから独立してティーハウスを構えた人もいて、新たなムレスナティーの世界が拡大中です。

1	2	4
	3	5

1. カウンターが印象的な店内。中に入ると左手にファクトリーがあり、中央では茶葉が販売されています。**2**. 路地を入った場所にあるため、静かで落ち着いた雰囲気。**3**. デザートコース 4 品 2,100 円。シメは紅茶のお茶漬け、または滋賀のこだわり素材を使った焼き菓子からチョイス。お茶漬けは意外なほど合うのでぜひお店で体験を。**4**. デザートコースのメインスイーツは、旬の素材を使い紅茶に合うよう作られています。滋賀県産の美味しい果物もぜいたくに使用。**5**. 急須を思わせる、こちら限定のポット 6,615 円。

エシュロンティーハウス

滋賀県野洲市小篠原 2114-10　☎ 077-532-2065　9:00 ~ 19:00（ティールーム 14:00 ~ 17:30）水曜休

クニタチティーハウス

［東京・国立］

関東では数少ないムレスナティーの専門店。イタリアンレストランのバイヤーが自社で使う茶葉を探していたときにムレスナと出合い、自店での使用に留まらずティーハウスを出店してしまうほど、その香りと味に惚れ込んだのだとか。“紅茶が似合う街”というイメージから出店は国立に、フードは「ムレスナティーに合うものを」とガレットとクレープのみ。あくまでも紅茶を主役に据えた姿勢が頼もしい。ギフトに最適、月ごとに替わる茶葉の購入も可能です。

1	2	4	6
	3	5	7

1. カウンターの高さやキッチンの寸法まで、西宮本店の造りを忠実に守っているそう。2. 自然光が気持ちよく降り注ぐ店内はいつも女性客でいっぱい。3. 細工の美しいランプが随所に。4. 月に 2 度素材が替わる季節のガレット 1,280 円。写真は卵、チーズ、ハムを使った「コンプレ」。5. 晴れた日にはテラス席へ。6. 一番人気のフレーバーはオリエンタルバカンス。ジャスミンにストロベリーとマンゴーをブレンドした、甘すぎず品の良い香りにうっとり。7. ゲランドの塩が利いたクレープ、キャラメル ブール サレ 950 円。

クニタチティーハウス

東京都国立市中 1-14-1　1F　☎ 042-505-5312　11:00 ～ 20:00（19:00 LO）　無休

うめだ阪急限定の最新作がア・ハート・ビート・ティー（全30種類各840円）。でもディヴィッドは早くも次の作品を企画中！

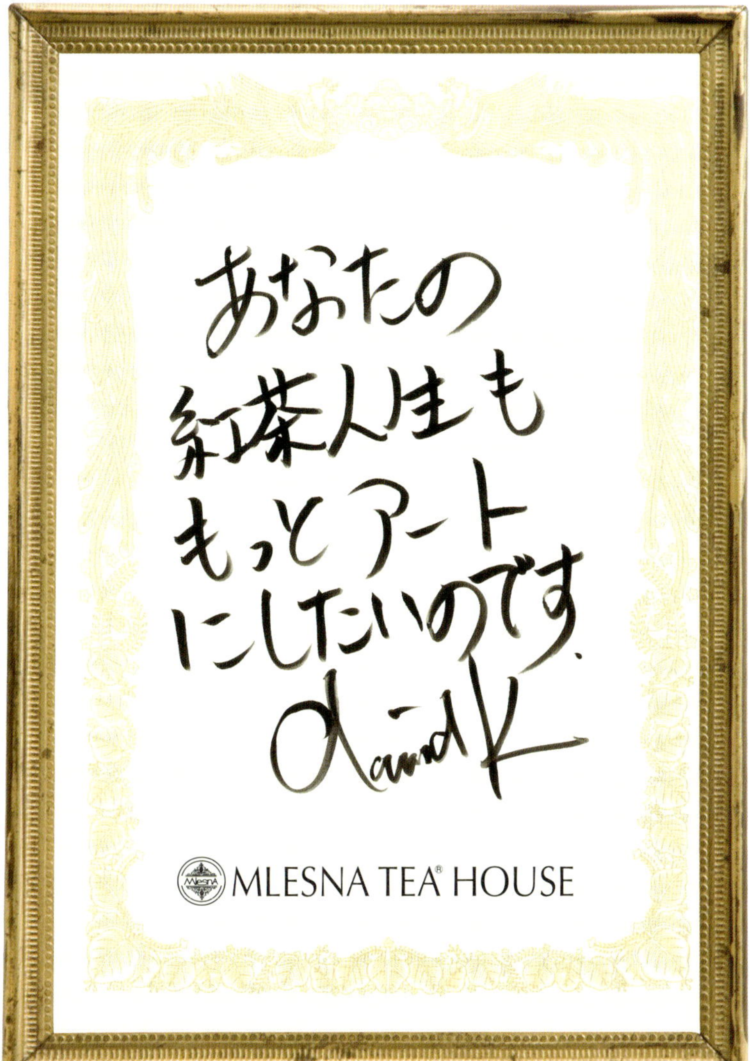
あなたの
紅茶人生も
もっとアート
にしたいのです。
David K
MLESNA TEA® HOUSE